BEI GRIN MACHT SICH IHR WISSEN BEZAHLT

- Wir veröffentlichen Ihre Hausarbeit,
  Bachelor- und Masterarbeit

- Ihr eigenes eBook und Buch -
  weltweit in allen wichtigen Shops

- Verdienen Sie an jedem Verkauf

Jetzt bei www.GRIN.com hochladen
und kostenlos publizieren

GRIN

Bibliografische Information der Deutschen Nationalbibliothek:

Die Deutsche Bibliothek verzeichnet diese Publikation in der Deutschen National-
bibliografie; detaillierte bibliografische Daten sind im Internet über http://dnb.d-
nb.de/ abrufbar.

Impressum:

Copyright © 2007 GRIN Verlag, Open Publishing GmbH
Druck und Bindung: Books on Demand GmbH, Norderstedt Germany
ISBN: 9783640511716

Dieses Buch bei GRIN:

http://www.grin.com/de/e-book/140186/gewaesserplanung-die-wrrl-der-europaei-
schen-union-und-ihre-auswirkungen

Julian Behnen

Gewässerplanung: Die WRRL der Europäischen Union und ihre Auswirkungen auf das deutsche Recht

GRIN Verlag

GRIN - Your knowledge has value

Der GRIN Verlag publiziert seit 1998 wissenschaftliche Arbeiten von Studenten, Hochschullehrern und anderen Akademikern als eBook und gedrucktes Buch. Die Verlagswebsite www.grin.com ist die ideale Plattform zur Veröffentlichung von Hausarbeiten, Abschlussarbeiten, wissenschaftlichen Aufsätzen, Dissertationen und Fachbüchern.

Besuchen Sie uns im Internet:

http://www.grin.com/

http://www.facebook.com/grincom

http://www.twitter.com/grin_com

Julian Behnen

Veranstaltung: Hauptseminar Limnologie

Semester: WS 2006/07

01.06.2008

Gewässerplanung

Die WRRL der Europäischen Union und ihre Auswirkungen auf das deutsche Recht

1 Einleitung

Wasser, die wichtigste Ressource menschlichen Lebens und Wirtschaftens, ist vielerorts knapp, sodass weltweit über 1,2 Milliarden Menschen keinen Zugang zu sauberem Trinkwasser haben (Europäische Kommission 2002). Dies ist oft in Entwicklungsländern der Fall. In der westlichen Welt wird Wasser hingegen gerne als Ubiquität angesehen und aus deutschen Wasserhähnen läuft auch für den Hausputz Wasser mit Trinkwasserqualität. Das erscheint normal, bedenkt man, dass die Erde zu über 70% mit Wasser bedeckt ist. Jedoch ist der Großteil der irdischen Wassermasse salzhaltig, als Eis an den Polen gebunden oder in großen Tiefen gespeichert. So ist nicht mal 1% der vermeintlich allgegenwärtigen Ressource für den Menschen verfügbar (Europäische Kommission 2002).

Aus der ungleichgewichtigen Verteilung der (Trink-)Wassermengen entsteht die Verantwortung derer, die über Wasser verfügen, bewusst damit umzugehen und die Küstengewässer, Binnengewässer, Flüsse und Grundwasservorkommen nachhaltig zu bewirtschaften. Die Europäische Kommission sieht verstärkt Handlungsbedarf, da „20 Prozent des gesamten Oberflächenwassers in der Europäischen Union [...] schwer schadstoffbelastet" sind (Europäische Kommission 2002: 1) und zudem das Grundwasser zu 65 Prozent der Gesamttrinkwasserversorgung europäischer Staaten herangezogen wird, wobei „60 Prozent der der europäischen Städte" (Europäische Kommission 2002: 1) ihre Grundwasservorräte übernutzen.

Mit der Schaffung der WRRL ist seit Dezember 2000 ein Ordnungsrahmen in Kraft getreten, der die europäische Wasserwirtschaft neu strukturiert. Welche Neuerungen wegweisend sind und wie das deutsche Wasserhaushaltsgesetz angepasst werden musste, soll hier in einem Überblick dargestellt werden. Abschließend soll ein Beispielprojektgebiet beschrieben werden, an dem die Umsetzung der Wasserrahmenrichtlinie erprobt wurde.

2 Das Wasserhaushaltsgesetz vor der WRRL

2.1 Allgemein

Die Gewässerplanung Deutschlands beruhte vor der Novellierung im Jahre 2000 durch das Inkrafttreten der Wasserrahmenrichtlinie der Europäischen Union auf dem seinerzeit gültigen Wasserhaushaltsgesetz, kurz WHG. Das WHG ist ein Rahmengesetz, welches in den einzelnen Bundesländern in das Wasserrecht umgesetzt wird. Dieses ist kein reines Schutzgesetz, sondern regelt auch die Haushaltung der Wasserressourcen. So schreibt der erste Paragraph vor, dass Gewässer sowohl als Lebensraum für Flora und Fauna zu schützen, als auch als Ressource zum Wohl der Allgemeinheit zu bewirtschaften sind (DVWK 1999). Ein zentraler Punkt wird in § 31 behandelt, welcher vorgibt, „daß Gewässer, die sich im natürlichen oder naturnahen Zustand befinden, in diesem Zustand erhalten bleiben sollen" (DVWK 1999: 4). Hingegen sollen Gewässer, die anthropogen verändert wurden, möglichst wieder in einen naturnahen Zustand gebracht werden. Um diese Ziele zu erreichen gibt es drei Planungsstufen; das Gewässerentwicklungsprogramm, das Gewässerentwicklungskonzept und den Gewässerentwicklungsplan. Am Ende der Maßnahmen muss die Kontrolle der Entwicklung stehen. Hier schreibt das WHG regelmäßige Beobachtung von schützenswerten Gewässerabschnitten vor. Zur Erfassung von Fortschritten oder Rückschlägen sind bei der Aufstellung der Maßnahmenpläne Fragebögen zu entwerfen und bei einer Begehung auszufüllen. Mittels dieser sollen Veränderungen zum Positiven oder Negativen oder Stagnationen der Entwicklung in Kategorien wie Linienführung, Sohle und Substrat, Böschung, Erosion, Gehölze und Ein- oder Ausleitungen festgehalten werden. Anschließend können anhand dieser und anderer Daten in Fortschreibungen der Gewässerentwicklung die Ziele überprüft und gegebenen Falls abgeändert, sowie bisherige Maßnahmen und ihre Folgen aufgezeigt werden (DVWK 1999).

2.2 Planungsstufen des WHG

Das Gewässerentwicklungsprogramm beinhaltet die Rahmenvorstellungen zum Schutz von Gewässern. Auch die dazugehörigen Auen und Niederungen werden einbezogen. Das Programm ist zwar landesweit oder überregional gültig, jedoch nicht notwendig um die Gewässerentwicklungskonzepte zu erstellen. Jedoch ist die überregionale Betrachtungsweise wichtig um die biologische Vielfalt zu sichern und gerade dann gefragt, wenn es Lebensräume von Arten mit hohem Raumanspruch zu schaffen oder zu erhalten gilt (DVWK 1999).

Das Gewässerentwicklungskonzept ist auf Flussgebiete bezogen, welche möglichst großräumig gefast werden sollten. In der Gesamtschau für Gewässer und Aue wird der „potenzielle natürliche Gewässerzustand beschrieben" (DVWK 1999: 8), sowie der Ist-Zustand und eventuelle Nutzungsansprüche erfasst. Die Einstufung der Gewässerabschnitte erfolgt schließlich in den Stufen schutzwürdig, entwicklungsbedürftig und umgestaltungsbedürftig. Nachdem diese Planungsgrundlagen ermittelt wurden, werden Entwicklungsziele festgesetzt, Umsetzungsvorschläge erarbeitet und in Text und Karte festgehalten. Die Planungsziele ergeben sich aus dem Vergleich von Ist- und Soll-Zustand, wobei der Soll-Zustand der potenziell natürliche Zustand ist. Der Soll-Zustand kann anhand von Referenzstrecken, durch gewässertypologische Analysen oder auch durch historische Vergleiche festgestellt werden. Jedoch fließen auch unabänderliche Restriktionen in die Festsetzung der Entwicklungsziele ein, so wie Hochwasserschutz und Anlagen im oder am Gewässer (DVWK 1999).

Die Gewässerentwicklungskonzepte sollen auch in die Raum- und Fachplanung einfließen. Somit werden sie in den Planungsebenen vom Landesentwicklungsplan bis zum Bebauungsplan umgesetzt und gleichfalls in Fachressorts wie Wasserwirtschaft, Forst und Naturschutz eingebracht (DVWK 1999).

Auf der nächsten Ebene stellt der Gewässerentwicklungsplan flächenscharf die Ziele und Maßnahmen fest, die an einem Gewässer oder Gewässerabschnitt durchgeführt werden müssen. Auf Grundlage des bereits vorhandenen Entwicklungskonzeptes wird das Projektgebiet abgegrenzt, Planungsgrundlagen festgehalten und die Entwicklung des Gewässers geplant. Diese Planung umfasst auch die Ermittlung von Zeit- und Kostenplänen, sowie möglicher Risiken. Die Entwicklungsziele werden in acht Kategorien erfasst, welche neben Biotop- und Artenschutz, Gewässerstruktur- und Güte und dem Feststoffhaushalt auch die Flächenbereitstellung und den Erlebniswert der Landschaft umfassen (DVWK 1999: 20f).

3 Die Wasserrahmenrichtlinie der Europäischen Union

3.1 WRRL Allgemein

„Die Richtlinie 2000/60/EG des Europäischen Parlaments und Rates vom 23. Oktober 2000 zur Schaffung eines Ordnungsrahmens für Maßnahmen der Gemeinschaft im Bereich der Wasserpolitik" (Europäische Union 2001: 2), kurz die Wasserrahmenrichtlinie oder WRRL, bildet einen Gesetzesrahmen für alle Mitgliedsstaaten der Europäischen Union, der in den jeweiligen Gesetzgebungen der Länder umgesetzt werden muss. Sie ist am 22.12.2000 in Kraft getreten und war mit Ablauf des Jahres 2003 in das jeweilige Nationale Recht umzusetzen (BMU 2005 b). Die Notwendigkeit wird einführend in 53 umfassenden Erwägungsgründen dargelegt und untermauert. So wird an erster Stelle darauf verwiesen, dass Wasser nicht ein übliches Handelsgut darstellt, sondern von Generation zu Generation vererbt wird. Dieser Aspekt gewinnt an Relevanz, betrachtet man den steigenden Bedarf in allen Bereichen, demnach seien „die Gewässer der Gemeinschaft sowohl in qualitativer als auch in quantitativer Hinsicht zu schützen" (Europäische Union 2001: 3).

Ein großer Fortschritt kann auch darin gesehen werden, dass Wasserkörper als grenzüberschreitend angesehen werden und die Staaten somit zur Kooperation angehalten sind. Sie müssen jedoch auch eigenverantwortlich veritable Lösungen für ihr Staatsgebiet finden, da die Mitgliedsstaaten der EU eine Vielzahl verschiedener natürlicher Gegebenheiten aufweisen und die WRRL nur einen Rahmen geben kann, der für die jeweiligen Umstände genutzt werden muss. So heißt es weiter, dass „die Energiepolitik, die Verkehrspolitik, die Landwirtschaftspolitik, die Fischereipolitik, die Regionalpolitik und die Fremdenverkehrspolitik" (Europäische Union 2001: 4) in die nachhaltige Bewirtschaftung der Ressource Wasser einbezogen werden müssen. Dadurch bewusst entstehende Handlungsspielräume machen es einem Land wie Deutschland mit relativ hoher Besiedlungsdichte und einem fortgeschrittenen Industrialisierungsgrad möglich, realistisch zu arbeiten, da es schwierig sei, „alle Gewässer in einen insgesamt guten Zustand zu überführen" (LAWA o.J.: 6), so die Länderarbeitsgemeinschaft Wasser. Auch soll durch die WRRL den bisher bestehenden Abkommen zum Schutz von an Mitgliedsstaaten grenzenden Meeren weiterhin Rechnung getragen werden. Bei Verstößen gegen die Verordnungen drohen den Mitgliedsstaaten jedoch wirkungsvolle Sanktionen, die sowohl angemessen als auch abschreckend sein sollen. Das Erreichen der Ziele innerhalb der vorgegebenen 15 Jahre kann jedoch auch ohne eine Strafe als

Folge zu haben ausgesetzt werden, wenn sich ein Oberflächengewässer physisch verändert respektive der Pegel eines Grundwasserkörpers absinkt oder "das Nichtverhindern einer Verschlechterung von einem sehr guten zu einem guten Zustand eines Oberflächenwasserkörpers die Folge einer neuen nachhaltigen Entwicklungstätigkeit des Menschen ist" (Europäische Union 2001: 16).

3.2 Ziele

Als wesentlich können nach der Länderarbeitsgemeinschaft Wasser zwei Zielsetzungen angesehen werden. Zum einen ist der Anspruch auf die „Schaffung eines Ordnungsrahmens für die Europäische Wasserwirtschaft" (LAWA o.J.: 3) maßgeblich. Mit der Erkenntnis, dass Wassermassen wie Flüsse, Seen, Küstengebiete und Grundwasserkörper grenzüberschreitend auftreten und dementsprechend behandelt werden müssen, wurde ein solcher Gesetzesrahmen notwendig. Die unterschiedlichen Gesetzgebungen der einzelnen Mitgliedsstaaten mit demselben Rahmen, der WRRL, zu versehen, bildet also die Grundlage für eine wirkungsvolle Wasserpolitik der Europäischen Union (Europäische Union 2001). Weiter steht die Maxime der WRRL, „die Erreichung eines guten Gewässerzustands in allen Gewässern der EU" (LAWA o.J.: 3), im Mittelpunkt. Dieses Bestreben wird in dem mit „Umweltziele" betitelten Artikel 4 der Wasserrahmenrichtlinie näher definiert. So geht aus diesem Artikel hervor, dass zuerst eine weitere Verschlechterung des Zustandes der Gewässer der Mitgliedsstaaten verhindert werden soll. Genauer verpflichten sich die Mitgliedsstaaten binnen 15 Jahren ab Inkrafttreten der WRRL einen guten Zustand der oberflächlichen Wasserkörper durch Sanierungen, Schutz und Verbesserung zu erreichen. Eine Sonderregelung wird lediglich für „künstliche und erheblich veränderte Wasserkörper" (Europäische Union 2001: 13) festgelegt. Ist ein Gewässer zu stark verändert oder künstlich erschaffen worden, sodass ein natürlicher Zustand nach eingehender Prüfung als nicht verhältnismäßig erscheint, oder die bisherige Nutzung des Wasserkörpers (Stromgewinnung, Nutzung als Verkehrsweg) zu stark beeinträchtigt würde, so kann das Erreichen des guten ökologischen und chemischen Zustandes ausgesetzt und das Erreichen eines guten ökologischen und chemischen Potentials angestrebt werden (BMU 2005 b). Der zu erreichende gute Zustand wird in Anhang V, Abschnitt 1 der WRRL genauer erläutert und in drei Komponenten aufgeteilt: biologische Komponente, hydromorphologische Komponente, chemische und physikalisch-chemische Komponente (Europäische Union 2001: 46). Diese Einteilung ist für alle Oberflächengewässer gleich und auch künstliche oder veränderte Gewässer sind daran gebunden. Sie erfassen den Zustand des

Wasserkörpers umfassend in Bereichen wie Flora, Fauna, Substrat, Uferzone, Temperatur, Sauerstoff- und Salzgehalt, Nährstoffverhältnisse und Verschmutzung z.b. durch prioritäre Stoffe (Europäische Union 2001). Die Bestimmung der prioritären und prioritär gefärlichen Stoffe ist in Artikel 16 geregelt. Es handelt sich hierbei um Stoffe oder Stoffgruppen, „die ein erhebliches Risiko für [...] die aquatische Umwelt darstellen" (Europäische Union 2001: 24) und nach ihrer Priorität, das heißt nach dem Risiko, welches sie für die Umwelt darstellen, organisiert sind. Die Einleitung prioritär gefährlicher Stoffe in die Gewässer der EU ist einzustellen und der Gehalt prioritärer Stoffe in den Gewässern zu minimieren (Europäische Union 2001). Das Ziel des guten Zustandes, respektive des guten Potentials, ist binnen 15 Jahren zu erreichen, das umfassende Verschlechterungsverbot kann als obligatorisch für die WRRL angesehen werden. Die Umweltziele für die Grundwasserkörper enthalten ähnliche Vorgaben, unterscheiden sich jedoch in dem Punkt, dass ein guter *quantitativer* und chemischer Zustand zu erreichen ist. Dies bedeutet sogleich, dass Grundwasserkörper nicht nach den oben genannten Komponenten in eine Qualitätsstufe eingeteilt, sondern nach mengenmäßigem und chemischem Zustand bewertet werden. Zudem gilt hier, dass Belastungstrends umgekehrt und Zustandsverschlechterungen verhindert werden sollen. Schadstoffeinträge sollen jedoch verhindert oder *begrenzt* werden, was weitere Immissionen nicht gänzlich ausschließt. Auch die Umweltziele unterirdischer Wasserkörper sind innerhalb 15 Jahren zu erreichen (BMU 2005 b). Neben diesen vom LAWA als zentral dargestellten Zielen, werden in Artikel 1 der Wasserrahmenrichtlinie weitere genannt. So wird auch der Schutz der von den Wasserkörpern abhängenden „Landökosysteme und Feuchtgebiete im Hinblick auf deren Wasserhaushalt" (Europäische Union 2001: 8) als Ziel deklariert. Der Schutz der bestehenden Ressourcen soll auch als Grundlage für eine nachhaltige Wasserhaushaltung dienen, sodass eine gute und gerechte Versorgung mit sauberem Wasser gewährleistet werden kann. Weiter sollen auch die Folgen von Dürren und Überschwemmungen reduziert werden. Im selben Abschnitt des ersten Artikels wird auch auf die „Verwirklichung der Ziele der einschlägigen internationalen Übereinkommen" (Europäische Union 2001: 9) hingewiesen. Dieser Beisatz des Artikel 1 Absatz e) unterstreicht, dass den Abkommen zum Schutz von Ostsee, Nordostatlantik und Mittelmeer weiter Rechnung getragen werden soll (Europäische Union 2001).

3.2.1 Vertiefung durch die Grundwasserrichtlinie

Zusätzlich zu der Wasserrahmenrichtlinie aus dem Jahr 2001 wurde im Dezember 2006 die „Richtlinie [...] des Europäischen Parlaments und des Rates [...] zum Schutz des

Grundwassers vor Verschmutzung und Verschlechterung" (Europäische Union 2006: 1) erlassen und trat im Januar 2007 in Kraft. Mit dieser Richtlinie wird festgelegt, wie die Ziele des chemischen und quantitativen Zustands zu erreichen sind. Es wird eine EU-Norm für die Qualität des Grundwassers eingeführt und festgesetzt, dass national Schwellenwerte für die Qualitätsbestimmung eingesetzt werden müssen. Zudem werden Verfahren zur Beurteilung der Qualität eines Grundwasserkörpers und Maßnahmen bestimmt, mit deren Hilfe sich die Immission weiterer Schadstoffe verhindern lassen sollen. Bis 2009 ist die Grundwasserrichtlinie in das jeweilige nationale Gesetz umzusetzen und bis 2015 sollen an allen Messstellen eines Grundwasserkörpers keine Übertretungen der Schwellenwerte mehr zu registrieren sein, um das Ziel des guten Zustandes zu erreichen.

3.3 Richtlinien zur Vorgehensweise

Die Richtlinien des Ordnungsrahmens zur Vorgehensweise sind, in Betracht dessen, dass sie einen europaweiten Rahmen bilden, sehr genau. Es werden drei Schritte abgearbeitet, sodass man von der Bestandsaufnahme der Wasserkörper über die Bestimmung des Ziels zur Festlegung der Maßnahmen gelangt. Am Beginn steht die Bestandsaufnahme für jede Flussgebietseinheit oder Einheit eines internationalen Gewässers. Bei Fließgewässern wird diesen aufgrund von Merkmalen wie Lage und Sediment eine von 24 Kategorien zugeteilt. Anschließen sollen die Auswirkungen menschlicher Tätigkeiten auf den Wasserkörper bestimmt werden, gefolgt von einer wirtschaftlichen Analyse. Bei diesem Schritt ist laut Anhang III besonders Artikel 9 Rechnung zu tragen, „um dem Grundsatz der Deckung der Kosten der Wasserdienstleistung" (Europäische Union 2001: 41) basierend auf langfristigen Vorhersagen entsprechen zu können. Ebenfalls sind durch die Analyse „die in Bezug auf die Wassernutzung kosteneffizientesten [...] Maßnahmen" (Europäische Union 2001: 41) zu bestimmen. Es folg die Setzung eines Ziels für die jeweilige Gebietseinheit, welches je nach Zustand des Gewässers Erhaltung oder Verbesserung lautet. Je nach gestecktem Ziel werden schließlich die Maßnahmen gewählt. Hier hat der Staat die Aufsichtspflicht über die Aufstauung oder Entnahme von, sowie potenziell schädliche Einleitungen in Gewässer. Weiter hält die WRRL dazu an, das Verursacherprinzip anzuwenden, indem der Staat bis zum Jahr 2010 dafür sorgt, „dass die Wassergebührenpolitik angemessene Anreize für die Benutzer darstellt, Wasserressourcen effizient zu nutzen" (Europäische Union 2001: 18), also einem Nutzer mit späterer potenziell gefährlicher Einleitung, höhere Nutzungskosten auferlegt. Führen die angewandten Maßnahmen nicht zum Erreichen des guten Zustandes, so sind ergänzende Maßnahmen ordnungsrechtlicher, wirtschaftlicher oder informatorischer Art einzuleiten. Die anfänglichen Analysen hatten ihr Fristende im Jahr 2004 und sollen ab einschließlich 2013 in einem Turnus von sechs Jahren überprüft und im Falle einer Änderung des Gewässers zum Positiven oder Negativen dementsprechend überarbeitet werden. In jedem Fall sind, um den Artikeln 14 und 15 zu genügen, Bewirtschaftungspläne als eines der Mittel zur Information von Öffentlichkeit, Europäischer Kommission und allen betroffenen Mitgliedsstaaten für alle Gebietseinheiten anzulegen. Auch sind Zwischenberichte mit den Fortschritten im Hinblick auf die durchgeführten Maßnahmen abzugeben (Europäische Union 2001).

4 Umsetzung der WRRL in das WHG

Nachdem das deutsche Wasserhaushaltsgesetz, den von europäischer Seite gesetzten Fristen gerecht werdend, im Juni 2002 novelliert wurde, konnten auch die Landesgesetze Ende 2003 erfolgreich umgeschrieben werden, jedoch nicht unter Einhaltung der Frist. Da der Bund im Fall des WHG nur eine Rahmengesetzgebungskompetenz hat, wurden den Bundesländern Regelungsaufträge erteilt, denen sie nachkamen. Laut dem Bundesministerium für Umwelt, Naturschutz und Reaktorsicherheit wurden fünf Hauptpunkte der WRRL in das WHG des Bundes übernommen (BMU 2005 b).

Allgemein wurden neue und erneuerte Definitionen aus der WRRL übernommen. Eine weitere Novellierung wurde die nachhaltige Gewässerbewirtschaftung betreffend vorgenommen, die auch „den Schutz direkt von Gewässern abhängender Ökosysteme" (BMU 2005 b: Rechtliche Umsetzung) einschließt. Zudem wurde der Grundsatz der Betrachtung nach Flussgebietseinheiten eingepflegt und damit verbunden auch die Verpflichtung eingegangen sowie national als auch international zu koordinieren. Die einheitliche Berichterstattung an die Kommission und alle beteiligten Mitgliedsstaaten löst weniger übersichtliche Einzelberichte ab. Als nicht minder essenziell ist die Einbindung der von der Europäischen Union festgesetzten (Umwelt-)Ziele anzusehen. Das WHG führt nun auch je nach Gewässer den guten ökologischen, chemischen oder mengenmäßigen Zustand beziehungsweise das Potenzial als Bewirtschaftungsziel auf. Zuletzt fließt auch die „Regelung der nach der WRRL zulässigen Ausnahme- und Fristverlängerungsmöglichkeiten" (BMU 2005 b) in das Wasserhaushaltsgesetz ein. Diese erlaubt es, die Frist zur Erreichung eines guten Gewässerzustandes um maximal 12 Jahre zu erweitern, wenn der Erreichung des Ziels starke öffentliche Interessen entgegenstehen oder das Ziel nicht im Verhältnis des Zustandes respektive der Nutzung des Gewässers steht. Sowohl bei einer Fristverlängerung als auch bei einer möglichen Herabsetzung der Zielanforderungen im Falle von künstlichen oder stark veränderten Wasserkörpern, sind hinreichende Gründe vorzubringen, die es regelmäßig zu prüfen und gegebenenfalls abzuändern gilt (BMU 2005b). Auf die Vorteile dieser Handlungsspielräume weißt die Länderarbeitgemeinschaft Wasser hin, da es im Zusammenhang mit einem hohen Besiedlungs- und Industrialisierungsgrad schwerlich möglich sei den durchweg guten Zustand aller Gewässer zu erreichen ohne in konfliktäre Situationen mit der ursprünglichen Nutzung oder der Verhältnismäßigkeit der Maßnahmen zu geraten (LAWA o.J.). Weitere Richtlinien wurden auf Länderebene umgesetzt. So wurde auch die Kostendeckung durch das Verursacherprinzip, dem die Regelung der Wasserpreise zugrunde liegt, integriert. Zudem verpflichten die Richtlinien dazu Kläranlagen auf dem neusten Stand der Technik zu halten. Auch der kombinierte Ansatz des Artikel 10 der WRRL für die Einleitung aus diffusen und Punktquellen ist in deutsches Recht übergegangen. Diese Einleitungsarten werden gemeinsam betrachtet und unter Berücksichtigung des Standes der Technik immissionsbezogene Qualitätsziele für die Gewässer aufgestellt. Sollten diese übertroffen werden, werden die Ziele angehoben (Europäische Union 2001).

5 Modellprojekt: Wümme

Die Wümme liegt mit ihren 118 km Länge von ihrer Quelle in der Lüneburger Heide bis zur Mündung in die Lesum, einen Nebenfluss der Weser, im Einzugsbegiet der Weser und somit in den Bundesländern Niedersachsen und Bremen. Der Fluss gilt als einer der saubersten Niedersachsens und ist auf gesamter Länge unter Natur- oder Landschaftsschutz gestellt. Er gehört zur Natura 2000, dem europäischen Schutzgebietssystem (Kunstverein Fischerhude 2005). Das Land Bremen will in dem Projektgebiet Wümme Maßnahmen zur vorzeitigen Zielerreichung, mit Hinblick auf die Implementierung der WRRL in das WHG , einleiten und somit auch einen Beispielprozess für das kommende Vorgehen in Händen zu halten (Alfred-Töpfer-Akademie für Naturschutz 2005).

5.1 Vorbetrachtungen

Den Definitionen der WRRL folgend wurden im gesamten Einzugsgebiet der Weser ca. 1400 Wasserkörper beschrieben, von denen 76% als im natürlichen Zustand befindlich gelten und somit das Ziel des guten ökologischen und chemischen Zustandes haben. Die verbleibenden 24% verteilen sich zu fast gleichen Teilen auf die Kategorien der stark veränderten oder künstlichen Gewässer (Alfred-Töpfer-Akademie für Naturschutz 2005). Das Erreichen der Ziele wird allerdings nur für 19% der Wasserkörper als wahrscheinlich eingeschätzt, weitere 33% haben eine uneindeutige Prognose und bei 48% ist die Erreichung unwahrscheinlich, sodass weitere Maßnahmen erforderlich werden (Alfred-Töpfer-Akademie für Naturschutz 2005). Die Wasserkörper mit der Einstufung ‚Zielerreichung wahrscheinlich' gehen in ein Übersichtsmonitoring über, bei dem repräsentative Messstellen alle von der WRRL angefragten Kriterien überprüfen. Die restlichen Gewässer gehen in das operative Monitoring über, „ein problemorientiertes, räumlich und zeitlich flexibles Messnetz" (Alfred-Töpfer-Akademie für Naturschutz 2005: 3), in dem nur die belastungsrelevanten Komponenten überprüft werden, die dem jeweiligen Problem des Gewässers entsprechen. Das Monitoring, ursprünglich Aufgabe der Wasserbehörden, wird in Bremen und Niedersachsen durch sogenannte Gebietskooperationen bereichert, um möglichst viele von den Maßnahmen betroffene Akteure zusammenzuführen und gemeinsam die weitere Umsetzung der WRRL in diesem Bereich zu organisieren (Alfred-Töpfer-Akademie für Naturschutz 2005).

Im Einzugsgebiet der Wümme wurden im folgenden mehrere Fokusgewässer ausgewählt. Anhand von „Ochtum, Kleine Wümme, Embser Mühlengraben/Deichschloot, Blumenthaler Aue/Beckedorfer Becke und Rohr" (Alfred-Töpfer-Akademie für Naturschutz 2005: 7) sollen vorgezogene Maßnahmen zur Zielerreichung angestrengt werden. Diese Pilotgebiete sollen Aufschluss über den Ablauf und die Wirksamkeit der Verfahren geben und einer folgenden Durchsetzung der europäischen Richtlinien zuarbeiten. Für das Projektgebiet Wümme wurden drei Projektbausteine geformt und mit Inhalten gefüllt:

- „Einzugsgebiet: mehr natürlicher Rückhalt, Wasserabhängige Landökosysteme schützen bzw. revitalisieren, Feuchtgebiete neu schaffen und wiederherstellen, weitere Flächenversiegelung vermeiden, Substrat und Nährstoffeinträge verringern, Landwirtschaft und guter Zustand [...], Schutz des Grundwassers [...]
- Gewässer: Schonende Gewässerunterhaltung, Gewässerstruktur renaturieren: alle Typen dabei Durchlässigkeit im Gewässernetz verbessern [...]

• Aue: Überschwemmungslandschaften sichern und entwickeln, Verschlechterungsverbot ernst nehmen" (Alfred-Töpfer-Akademie für Naturschutz 2005: 8).

Zudem werden die Ziele der WRRL in den Kommunen verankert, so zum Beispiel in der Bauleitplanung, und die Initiative „Wir an der Wümme" genügt den Ansprüchen an die Öffentlichkeitsarbeit der Richtlinie (Alfred-Töpfer-Akademie für Naturschutz 2005).

5.2 Gewässerrandstreifenprojekt Fischerhuder Wümmeniederung

Das über 700 Quadratmeter große Gebiet des Projekts Fischerhuder Wümmeniederung wurde bereits 1992 in das „Förderprogramm zur Errichtung und Sicherung schutzwürdiger Teile von Natur und Landschaft mit gesamtstaatlich repräsentativer Bedeutung" (Alfred-Töpfer-Akademie für Naturschutz 2005: 10) aufgenommen und mit einer Summe von 10,6 Millionen EUR zu Teilen von Bund, Land und Landkreis (75:15:10) finanziert. Der Großteil des Betrages sollte für den Erwerb der Flächen (6,3 Mio. EUR) genutzt werden, der Rest für Planungskosten (0,4 Mio. EUR) und die Schaffung von Biotopen und die Regelung der Touristik (3,9 Mio EUR) (Alfred-Töpfer-Akademie für Naturschutz 2005: 10).

5.2.1 Das Projektgebiet, Ausgangssituation

Das Gebiet hat im Landkreis Verden eine ungefähre Ausdehnung von 15 km in der Länge und 2-3 km in der Breite (Alfred-Töpfer-Akademie für Naturschutz 2005: 10) und liegt in der westlichen Wümmeniederung. Das Flussbinnendelta der Wümme wies ursprünglich viele Arme mit hoher Eigendynamik auf und ist auf niedersächsischem Boden einzigartig. Die hier vorherschende Vegetation waren Erlenbruchwälder, welche jedoch als eine Folge anthropogener Überformung in Weideland umgenutzt wurden, welches in den 1970er Jahren durch Entwässerungsmaßnahmen intensiviert werden konnte. Im selben Zeitraum wurden die zahlreichen Verästelungen des Binnendeltas „auf nur 3 bzw. 4 Hauptarme reduziert" (Alfred-Töpfer-Akademie für Naturschutz 2005: 10). Der Grundcharakter blieb dem Delta jedoch erhalten und konnte Ende 1980 wie folgt charakterisiert werden: regelmäßige Überschwemmungen, hoher Grundwasserpegel begünstigt Bildung und Bestand von „Nass- und Feuchtgrünlandgesellschaften" (Alfred-Töpfer-Akademie für Naturschutz 2005: 11), günstige Bedingungen für Zugvögel auf den Feuchtwiesen der Umgebung, reiche Populationen an Brutvögeln und typischer Fischfauna (Alfred-Töpfer-Akademie für Naturschutz 2005).

Das Ziel der Erhaltung und Verbesserung der vorzufindenden Bedingungen musste nach eingehender Prüfung um die Wiederherstellung der natürlichen Bedingungen erweitert werden. Durch eine Absenkung der Sohle während des Ausbaus des Südarmes der Wümme sank der Grundwasserspiegel stellenweise um 80 cm und vielerorts um 30-50 cm (Alfred-Töpfer-Akademie für Naturschutz 2005: 11). Zudem war ein unstetes Abflussverhalten als bedenklich einzustufen. Während in Sommermonaten Durchschnittswerte von 1 m^3 /sec gemessen wurden, kam es in Wintermonaten zu 100 m^3 /sec (Alfred-Töpfer-Akademie für Naturschutz 2005: 11), was auf die Eindeichung des Flusses und eine Trennung von Fluss und Aue zurückzuführen ist. Zudem behinderten innerhalb des Projektgebiets neun Stauanlagen die aquatische Fauna, welche weiterhin durch zu hohe Abflussgeschwindigkeiten, zu wenig Beschattung durch Uferbewuchs und kaum Rückzugs- oder Versteckmöglichkeiten durch eine monotone Flussbettstruktur verarmte. Auch der Stoffeintrag aus diffusen Quellen war bedenklich, da das Wirtschaftsgrünland annähernd überall gedüngt und in 28% der Fälle sogar mindestens ein mal begüllt wurde (Alfred-Töpfer-Akademie für Naturschutz 2005).

5.2.2 Ziele

Aus der bekannten Ausgangssituation wurden die Ziele für die Bewirtschaftung abgeleitet, bei denen es vor allem darum geht, die ökologische Bedeutung des Gebietes zu erhalten respektive zu verbessern. Um dies zu erreichen muss der abgesenkte Grundwasserspiegel wieder angehoben werden und auch die unnormale Überschwemmungsabfolge mit ihren teils hohen Abflussgeschwindigkeiten muss angepasst werden. Die Überschwemmungsereignisse müssen zeitlich und örtlich variabler werden und an eine natürliche Dynamik angepasst werden und auf eine gehobene Sohle mit abwechslungsreichem Querschnitt treffen. Auch soll sich das Binnendelta seiner ursprünglichen Form annähern, indem das Gewässernetz durch Teilwiederherstellung und Neuanlage von Stillgewässern verdichtet wird. Im Bereich der Landökosysteme soll die extensive Nutzung wieder angestrebt werden, sodass Nass- und Feuchtgrünland erhalten werden kann. Gewässernah ist ein „Mosaik von Erlenbrüchen, Weiden, Gebüschen, Röhricht und Großseggenrieden" (Alfred-Töpfer-Akademie für Naturschutz 2005: 12) anzustreben, um vielfältiger Fauna Lebensraum zu bieten. Um diesen Lebensraum weiter zu sichern ist eine Regelung der Jagdverhältnisse nötig und auch die Freizeitnutzung muss in geregelten Bahnen laufen (Alfred-Töpfer-Akademie für Naturschutz 2005).

5.2.3 Maßnahmen zur Erreichung der Ziele und Monitoring

Zur Erreichung der gesteckten Ziele wurde ein neun Maßnahmen umfassender Katalog entworfen, der die speziellen Probleme angehen soll. Es wurden teilweise bestehende

Wälle abgetragen und das Erdreich komplett entfernt, um die Überschwemmungsfähigkeit des Gebietes zu erhöhen und ihr eine Eigendynamik zurückzugeben. Anderenorts wurden Wälle nur rückverlegt um bestehende Wiesen von Überschwemmungen auszunehmen und als Brutgebiet für Vögel zu sichern. Eine Sohlenerhöhung des Mittelarmes um 30 cm greift zwei Probleme zugleich an. Zum einen soll die Abflussleistung vermindert werden „und gleichzeitig der Grundwasserstand in den angrenzenden Flächen erhöht werden" (Alfred-Töpfer-Akademie für Naturschutz 2005: 12). Zudem sollen Steinaufschüttungen den Wasserpegel erhöhen und die Sedimentation fördern. Eine Umverteilung von Wassermassen durch Umgestaltungen von Wehr und Stauklappe im Südarm des Flusses soll ein Zulaufplus von 1,5 bis 9,3 m³ /sec bewirken. Andere Stauwehre wurden zu Sohlgleiten umgebaut, sodass kein Hindernis für die wandernde Fischfauna mehr besteht und eine übermäßige Last an Sedimenten und Schwebstoffen im Fall der Öffnung von Stauklappen verhindert wird. Zudem wurde „die Kronenhöhe [der Gleiten] [...] auf die entsprechenden naturschutzfachlichen Zielvorstellungen für das angrenzende Gebiet abgestimmt" (Alfred-Töpfer-Akademie für Naturschutz 2005: 12), sodass sich der Wasserstand wiederum erhöht. Nicht komplett neu angelegt, aber neu ausgehoben wurde ein alter, zugeschütteter Flussarm, der nun das Delta aufs Neue um einen Flussarm von 3 km Länge bereichert. Zwar waren Lage, Breite und Tiefe planerisch vorgegeben, doch wurde die Uferböschung „halbwegs spontan vor Ort" (Alfred-Töpfer-Akademie für Naturschutz 2005: 13) vorgenommen. Dieser Bereich soll allerdings nicht weiter unterhalten oder gepflegt werden. Hingegen gänzlich neu angelegt wurden Bewässerungsgräben im Grünland, welche über Stauwehre vom Mittelarm aus bewässert werden und zu einer weiteren Hebung des Grundwasserpegels, sowie zur Überstauung in den Wintermonaten führen soll. Durch den umfassenden Flächenerwerb konnten im Bezug auf die Hinführung der Landwirtschaft zur extensiven Nutzung große Fortschritte gemacht werden. Die Mähzeitpunkte wurden hin zu einer späten Mahd geregelt, welche Feuchtgebieten zuträglich ist und Jungvögel schützt, sowie die Ansiedlung mannigfaltiger Flora ermöglicht. „Düngung, Umbruch, Neusaat, Schädlings- und Unkrautbekämpfungsmittel" (Alfred-Töpfer-Akademie für Naturschutz 2005: 13) sind im Gebiet verboten und die Umwandlung von Ackerland in Grünflächen ist geboten. Im Bereich der Jagd konnten aufgrund bestehender Verträge nur Teilerfolge erzielt werden. So stehen dem Landkreis Verden de jure 500 ha Fläche zur Eigenjagd zu, weitere 280 ha sind bis zum Jahr 2022 durch einen Jagdpachtvertrag gebunden. In puncto Freizeitnutzung wurde ein feinfühliges Vorgehen angestrebt, um das Projektgebiet nicht von freizeitlicher Nutzung auszuschließen, Besucher jedoch möglichst ohne

Verbotsschilder oder Abzäunungen zu lenken. Somit soll unter dem Motto ‚Natur erleben'
auch der Nutzen für den Menschen erhalten bleiben, oder gesteigert werden (Alfred-
Töpfer-Akademie für Naturschutz 2005).

Für das Monitoring sind die Projektträger, also die Wasserverbände, zuständig. Im
Besonderen sind Baumaßnahmen, Genehmigungsverfahren und Auftragsvergabe für
weiterführende Maßnahmen und die Flächenverwaltung zu bewältigen. Zudem sind
jährlich Brutvogelkartierungen durchzuführen. So können beispielsweise Mahdzeitpunkte
vorverschoben werden, um den Landwirten entgegenzukommen, wenn die angestrebte
Vegetation nicht darunter leidet. Auch müssen Wasserpegel von Grund- und
Fließgewässern erfasst, Abflussmessungen getätigt und Besucher gelenkt werden. Als
Messstellen für qualitatives und quantitatives Monitoring werden bereits vorhandene
Messstellen von LAWA, PARCOM und weiteren Standorten übernommen, da diese über
langjährige Datenreihen verfügen und somit den Anforderungen der EU-Richtlinie gerecht
werden (Alfred-Töpfer-Akademie für Naturschutz 2005).

6 Zusammenfassung

Die Wasserrahmenrichtlinie bietet mit ihrem Inkrafttreten im Dezember 2000 einen
Ordnungsrahmen für die Wasserwirtschaft der Mitgliedsstaaten der Europäischen Union.
53 Vorüberlegungen weisen auf die Erwägungsgründe hin und machen deutlich, dass
nicht zuletzt wegen des stetig steigenden Bedarfs an Frisch- und Brauchwasser
Maßnahmen zur Sicherung der Ressourcen zu treffen sind. Die Richtlinie ist in den
Gesetzgebungen der Mitgliedsstaaten umzusetzen, für Deutschland bedeutet dies die
Rahmengesetzgebung durch den Bund und die darauf aufbauende Umsetzung in den
Bundesländern. Die Ziele die durch die WRRL erreicht werden sollen, sind der gute
ökologische und chemische Zustand von allen Gewässern. Ausgenommen sind hier nur
stark überformte oder künstliche Gewässer, die ein gutes ökologisches und chemisches
Potenzial erreichen sollen und Grundwasserkörper, für die die Erreichung des guten
quantitativen und chemischen Zustandes als Ziel gilt. Die sich aus der Richtlinie
ergebenden Aufgaben lassen sich grob unter drei Oberbegriffen subsumieren:
Bestandsaufnahme des Ist-Zustandes, Zielbestimmung des Soll-Zustandes und Erstellung
eines Maßnahmenkatalogs für die Erreichung dieser Ziele. Eine wichtige Neuerungen
durch die WRRL ist der internationale Ansatz für grenzüberschreitende Wasserkörper, der

zu internationaler Zusammenarbeit verpflichtet und die Beachtung des Prinzips der Nachhaltigkeit. Auch die kostendeckende Wasserpreisgestaltung, die Bindung zur Modernisierung von Klärwerken, der kombinierte Ansatz zu diffusen und Punktquellen und die Richtlinien zum Monitoring sind zentral (Europäische Union 2001).

Das deutsche Wasserhaushaltsgesetz hat sich vor allem dahingehend geändert, dass Definitionen übernommen wurden, das Prinzip der Nachhaltigkeit eingepflegt und auch auf wassernahe Ökosysteme angewandt wurde und die Bewirtschaftungsziele der EU implementiert wurden (BMU 2005 b). Erste Erfahrungen mit den neuen Richtlinien wurden sehr zeitnah nicht zuletzt im Projektgebiet Wümme gemacht. Hier konnten neue Verfahren erprobt werden (Alfred-Töpfer-Akademie für Naturschutz 2005).

7 Literaturverzeichnis

ALFRED-TOEPFER-AKADEMIE FÜR NATURSCHUTZ (Hrsg.) (2005): 41/05 Die Wümme - Modellprojekt zur Umsetzung der Wasserrahmenrichtlinie (WRRL). o.O.

BMU (2004): Die Wasserrahmenrichtlinie – Neues Fundament für den Gewässerschutz in Europa. Berlin

BMU (2005 a): Die Wasserrahmenrichtlinie - Ergebnisse der Bestandsaufnahme 2004 in Deutschland. Berlin

BMU (2005 b): Die Europäische Wasserrahmenrichtlinie und ihre Umsetzung in Deutschland. http://www.bmu.de/gewaesserschutz/doc/3063.php, Stand: 07.2007

DVWK (Deutscher Verband für Wasserwirtschaft und Kulturbau e. V.) (1999): Gewässerentwicklungsplanung: Begriffe, Ziele, Systematik, Inhalte. Bonn

EUROPÄISCHE KOMMISSION (2002): Die Wasserrahmenrichtlinie: Tauchen Sie ein!. Luxemburg

EUROPÄISCHE UNION (2001): Richtlinie 2000/60EG des Europäischen Parlaments und des Rates: Zur Schaffung eines Ordnungsrahmens für Maßnahmen der Gemeinschaft im Bereich der Wasserpolitik, geändert durch Entscheidung Nr. 2455/2001/EG. o.O.

EUROPÄISCHE UNION (2006): Richtlinie 2006/118/EG des Europäischen Parlaments und des Rates vom 12. Dezember 2006, zum Schutz des Grundwassers vor Verschmutzung und Verschlechterung. o.O.

KUNSTVEREIN FISCHERHUDE (2005): Die Wümme von der Quelle bis zur Mündung : Kunst, Natur, Geschichte und Geschichten. Fischerhude

LAWA (Länderarbeitsgemeinschaft Wasser) (o.J.): Handlunkskonzept zur Umsetzung der Wasserrahmenrichtlinie. http://www.lawa.de/pub/kostenlos/wrrl/ Handlungskonzept.pdf, Zugriff: 20.3.2008